AF300295

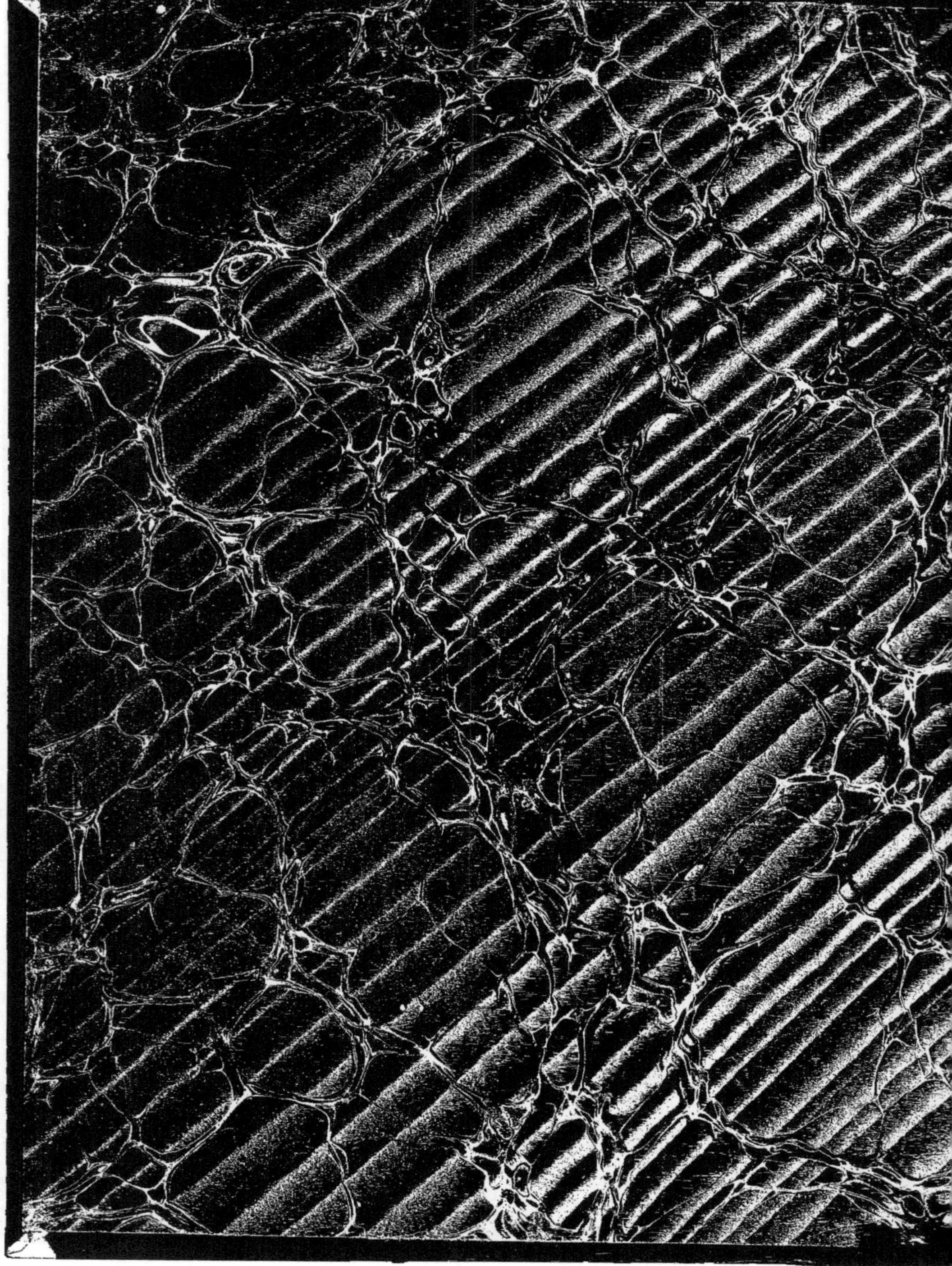

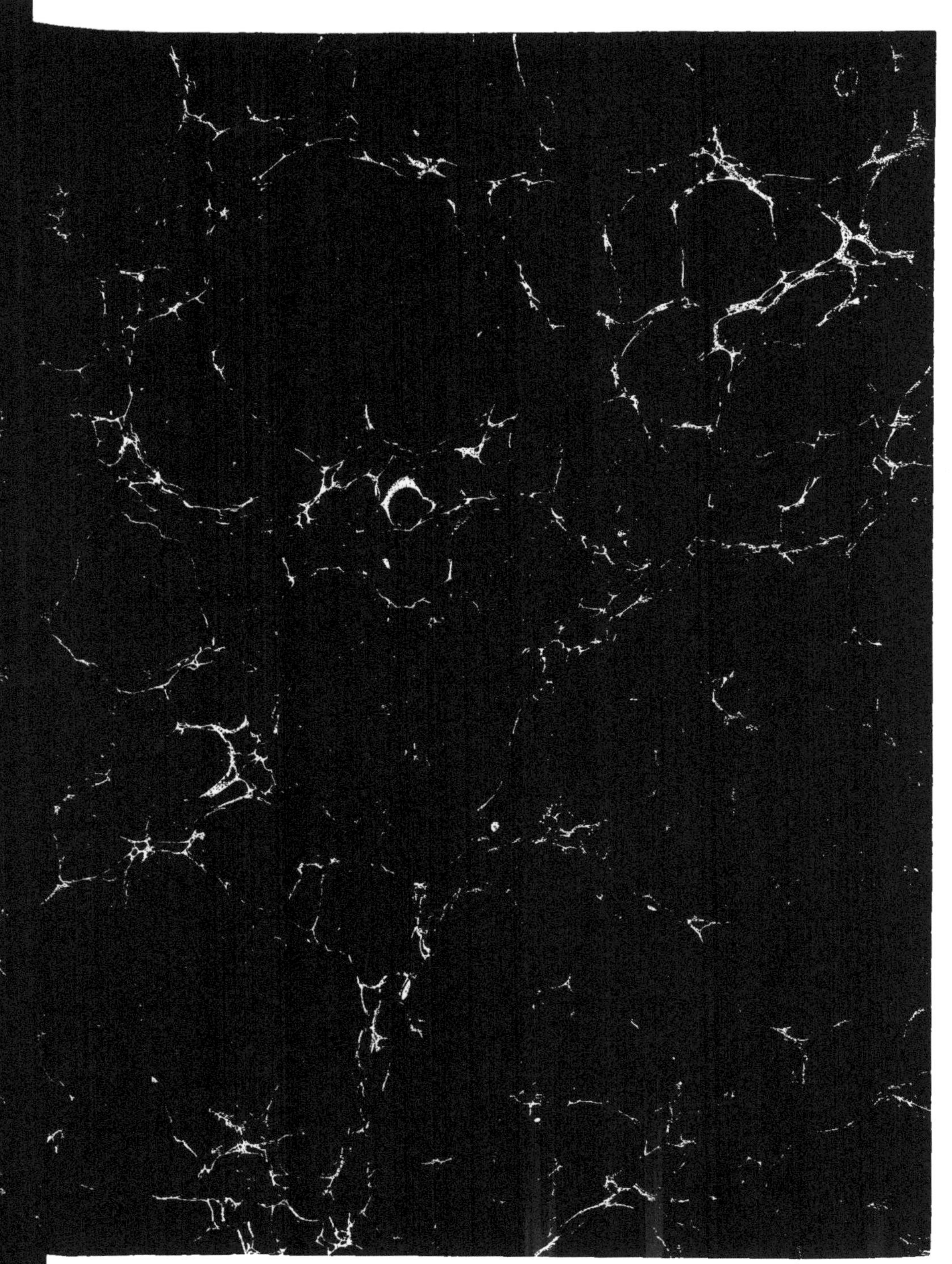

MÉMOIRE

SUR LA

THÉORIE DE LA VISION,

Par M. STURM,

MEMBRE DE L'INSTITUT (ACADÉMIE DES SCIENCES).

PARIS,

BACHELIER, IMPRIMEUR-LIBRAIRE

DE L'ÉCOLE POLYTECHNIQUE, DU BUREAU DES LONGITUDES,

Quai des Augustins, 55.

1845.

MÉMOIRE

SUR LA

THÉORIE DE LA VISION,

Par M. STURM,

Membre de l'Institut (Académie des Sciences).

« Le mécanisme de la vision et les procédés que la nature emploie pour donner à l'œil la faculté de voir nettement les objets placés à différentes distances sont encore un sujet de controverse entre les physiciens et les physiologistes. Il serait inutile de rappeler toutes les explications et les hypothèses souvent contradictoires qui ont été proposées à ce sujet, pour modifier la théorie fondamentale de Kepler. Les belles expériences du docteur Young ont mis hors de doute l'invariabilité de forme de la cornée transparente, et conséquemment celle du globe de l'œil, comme aussi l'impossibilité d'un déplacement appréciable du cristallin; mais l'opinion qu'il a adoptée sur le changement de courbure et la contraction musculaire du cristallin n'a pas paru aussi bien motivée.

» La diminution d'ouverture de la pupille doit sans doute arrêter les rayons trop divergents, mais ne suffit pas pour rendre la vision distincte à des distances très-inégales.

» Le professeur Mile (*Journal de Physiologie* de M. Magendie, t. VI) fait dépendre cette propriété de deux causes qu'on ne saurait admettre : la diffraction que, suivant lui, les rayons éprouveraient en rasant le bord de la pupille, et un changement de courbure de la cornée qui accompagnerait la contraction de l'iris.

» Parmi les travaux récents dont la vision a été l'objet, il faut distinguer

S.   1

les recherchés expérimentales de M. de Haldat, correspondant de l'Académie. Après avoir confirmé par des observations nouvelles l'invariabilité de courbure de la cornée, et la structure composée du cristallin, il a constaté, par des expériences précises et variées, que le cristallin séparé du reste de l'œil et employé comme objectif de chambre obscure, possède à lui seul la faculté de réunir au même point les rayons lumineux envoyés par des objets placés à des distances différentes. Un cristallin fixé dans un tube et tourné vers des objets extérieurs situés dans la même direction, les uns à 3 et 4 décimètres, les autres à 20 et à 30 mètres, lui a donné des images d'une égale pureté sur un verre dépoli placé en arrière à une certaine distance du cristallin. Cette propriété du cristallin à l'état d'inertie le distingue tout à fait de nos lentilles artificielles, et mérite d'autant plus notre attention qu'elle semble en opposition avec les lois ordinaires de la dioptrique. M. de Haldat a fait aussi, avec l'œil entier convenablement préparé, des expériences non moins remarquables qui ont confirmé la propriété spéciale qu'il attribue au cristallin; mais il n'en a pas donné l'explication théorique (1).

» Je crois pouvoir rendre raison de l'action du cristallin et des autres parties de l'œil par des considérations géométriques très-simples, que j'ai indiquées depuis longtemps à quelques personnes. Si la théorie que je propose ne résout pas complétement les difficultés relatives à l'ajustement de l'œil, elle aura du moins l'avantage de les diminuer notablement; car, en ayant égard à mes remarques, on n'aura plus besoin de supposer dans l'œil les mouvements internes et les changements de forme trop considérables qu'exigent les autres théories.

» Je pose d'abord en fait, que l'œil ne doit pas être assimilé d'une manière absolue à une chambre obscure ou à un système de lentilles homogènes et sphériques juxtaposées sur un même axe : le cristallin en particulier ne doit pas être traité comme une lentille sphérique homogène. Quoique les docteurs Young, Chossat, Krause et d'autres physiologistes aient reconnu que les courbures des milieux de l'œil ne sont pas sphériques, on a toujours supposé l'œil doué des propriétés focales qui n'appartiennent qu'aux lentilles sphériques, en admettant sans examen que les rayons émanés d'un point et réfractés dans l'œil selon les lois ordinaires de la réfraction, doivent former au fond de l'œil un foyer unique, comme dans le cas où ces rayons auraient traversé des verres sphériques bien centrés. Pour faire comprendre par un exemple

---

(1) Je ne discute pas ici l'hypothèse que M. Forbes a communiquée récemment à l'Académie, et que M. de Haldat a combattue dans une Note qui n'a pu paraître dans le *Compte rendu*.

simple l'erreur d'une telle supposition, imaginons un œil qui serait composé d'une seule substance homogène terminée par un segment d'ellipsoïde ayant son grand axe dirigé suivant l'axe de la pupille, son axe moyen horizontal et son petit axe vertical. Un petit faisceau de rayons partant d'un point situé sur le prolongement du grand axe et traversant la pupille, ne pourra pas, après la réfraction, converger en un foyer unique, et, si la pupille est large, il ne formera pas une surface caustique qui soit de révolution autour du grand axe. Car les rayons dirigés très-près du grand axe dans le plan de la section horizontale de l'ellipsoïde se réfractent comme s'ils tombaient sur le cercle osculateur de cette section au sommet du grand axe, et vont se réunir sur ce grand axe en un certain foyer; tandis que les rayons dirigés dans la section verticale qui a au sommet une courbure plus forte, vont concourir sur le même grand axe en un autre foyer plus rapproché du sommet. Quant aux rayons voisins situés hors de ces deux plans, ils ne rencontrent pas le grand axe après la réfraction (c'est-à-dire que leur plus courte distance à ce grand axe n'est pas une fraction infiniment petite de la distance du point d'incidence à ce même axe).

» La marche des rayons réfractés serait encore moins régulière si les rayons émanaient d'un point situé hors de l'axe et tombaient sur une autre partie de l'ellipsoïde.

» Pour rentrer dans la réalité, on doit considérer l'œil comme composé de plusieurs milieux réfringents séparés par des surfaces qui ne sont pas exactement sphériques ni même de révolution ou symétriques autour d'un axe commun. Il paraît alors difficile, au premier abord, de déterminer la forme que prendra un faisceau très-mince de rayons homogènes émanés d'un point lumineux, après avoir subi des réfractions à travers tous ces milieux. Heureusement, cette forme est assujettie à une loi générale et constante qui se déduit d'un théorème bien connu, donné d'abord par Malus pour le cas d'une seule réfraction, et démontré ensuite par M. Dupin, puis par d'autres géomètres, pour un nombre quelconque de réfractions. En voici l'énoncé : Lorsque des rayons partant d'un point lumineux éprouvent des réfractions en traversant différents milieux séparés par des surfaces quelconques, ces rayons, après leur dernière réfraction, sont toujours normaux à une certaine surface (et par conséquent aussi à une suite de surfaces dont deux quelconques interceptent sur tous ces rayons une même longueur).

» En partant de ce principe, auquel on est aussi conduit par la théorie des ondulations, on peut étudier la forme qu'affecte, après la dernière réfraction, un faisceau très-mince de rayons qui traversent un diaphragme

I.

d'une très-petite ouverture, ayant son plan perpendiculaire au rayon qui passe par son centre. (Sur la figure, où les dimensions sont fort exagérées, ce diaphragme a la forme d'un cercle).

» Voici les résultats qu'on déduit du calcul. Il y a deux plans ZOX, ZOY, perpendiculaires entre eux, qui contiennent les rayons infiniment voisins du rayon central OZ susceptibles de le couper. Les rayons dirigés dans le plan ZOX coupent le rayon central OZ en un certain point F; les rayons dirigés dans le plan ZOY coupent OZ en un autre point f. Ces deux points de rencontre F et f appartiennent à la surface caustique formée par les intersections successives des rayons réfractés, surface qui a, en général, deux nappes distinctes. On peut appeler ces deux points F et f *les deux foyers* du faisceau infiniment petit dont le rayon central est OZ, et la droite Ff *l'intervalle focal* de ce faisceau.

» Les deux plans ZOX, ZOY coupent le diaphragme suivant deux diamètres AOA', BOB', perpendiculaires entre eux. Menons des points A, A' au point F les droites indéfinies AF, A'F, et des points B, B' au point f les droites Bf, B'f. Par le point f menons dans le plan ZOX la droite cfc' parallèle à AA' et comprise entre AF et A'F. Menons aussi par le point F dans le plan ZOY la droite CFC' parallèle à BB', et comprise entre les lignes Bf et B'f prolongées. Ces deux droites cfc' et CFC' ont des directions perpendiculaires entre elles et à OZ.

» Cela posé, le rayon qui passe par un point M, pris dans l'intérieur ou

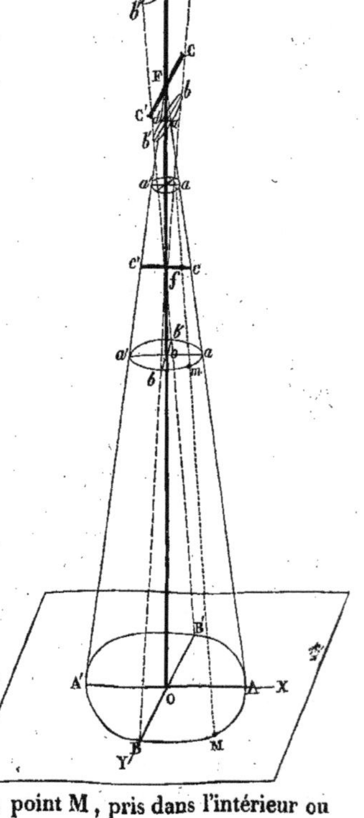

sur le contour du diaphragme, est assujetti à rencontrer les deux droites fixes cfc' et CFC' ; d'où il suit que la surface qui termine le petit faisceau de lumière est une surface gauche engendrée par une ligne droite indéfinie, qui se meut en s'appuyant sur la circonférence du diaphragme et sur les deux droites fixes et limitées cc', CC'.

» Si l'on suppose, pour plus de simplicité, le diaphragme de forme circulaire, tout plan perpendiculaire au rayon central OZ en un point quelconque o différent des points F et f, coupe cette surface gauche ou le faisceau lumineux suivant une ellipse dont les axes aoa', bob' sont parallèles aux diamètres AA', BB' du cercle AB, et compris, le premier, entre les droites AF, A'F; le second, entre les droites Bf, B'f. Mais, quand on mène un plan perpendiculaire à OZ par le point f, la section se réduit simplement à la droite cfc', et de même un plan perpendiculaire à OZ au point F, coupe la surface suivant l'autre droite CFC'. Ces deux droites sont deux petits traits brillants sur le papier qui reçoit le faisceau lumineux. Les longueurs de ces deux droites et leur différence, comparées au diamètre AA' du cercle AB, sont d'autant moindres que la distance Of est plus grande et que l'intervalle focal Ff est plus petit; car on a les proportions

$$cc' : AA' :: Ff : OF, \quad CC' : AA' :: Ff : Of,$$

et conséquemment

$$CC' - cc' : cc' :: Ff : Of.$$

» Quand le plan perpendiculaire à OZ, sur lequel tombe la lumière, se meut en s'éloignant du diaphragme AB, les sections qu'il fait dans le faisceau lumineux, où les portions éclairées, sont une suite d'ellipses dont les deux axes aa', bb' diminuent ensemble, mais non dans le même rapport, jusqu'à ce que le plan mobile vienne passer par le foyer f le plus rapproché du diaphragme. Alors l'axe parallèle à AA' est cc', et l'autre axe devient nul, de sorte que l'ellipse se réduit à la droite cc'. Le plan continuant à s'éloigner du diaphragme, l'axe aa', parallèle à AA', continue à décroître; l'autre axe bb', qui s'était évanoui, commence à croître; la section devient un cercle, lorsque les distances du plan coupant aux deux foyers F et f sont entre elles comme les distances du diaphragme circulaire O à ces mêmes foyers; d'où il suit que lorsque l'intervalle focal Ff est une petite fraction de la distance Of, cette section circulaire est à très-peu près au milieu de l'intervalle Ff, mais toujours plus près de f que de F. Le plan passant au delà de cette position, l'axe aa' continue à diminuer, et bb' à augmenter; de sorte que bb', qui était jusqu'ici le petit axe, devient maintenant le grand axe. Au point F, la section se réduit à la droite CFC′, car l'axe aa' devient nul, et bb' égal à CC′. Au delà du point F, les sections sont des ellipses dont les deux axes augmentent à la fois indéfiniment.

» L'aire d'une section quelconque entre F et f ou la portion éclairée est proportionnelle au rectangle des distances de son plan aux deux points F et f; cette aire est donc la plus grande au milieu de l'intervalle focal Ff.

» On voit par là que le faisceau lumineux est beaucoup plus condensé autour de l'intervalle focal Ff, et même un peu en deçà et au delà, que partout ailleurs; car, près des points F et f, s'il est dilaté dans un sens, il est rétréci dans un autre, d'où résulte une sorte de compensation. Le faisceau ne deviendrait exactement ou sensiblement conique qu'autant que les deux foyers F, f coïncideraient ou seraient extrêmement rapprochés l'un de l'autre. C'est un cas exceptionnel, qui ne peut arriver que dans des conditions très-particulières.

» Toutes les circonstances que je viens de décrire se vérifient par des expériences faciles.

» Il suffit, par exemple, de faire passer dans une chambre noire, à travers un très-petit trou percé dans un écran, un faisceau de lumière homogène qui tombe sur un sphéroïde de verre ou sur une petite fiole contenant un liquide, et offrant une surface courbe irrégulière dont on recouvre la partie postérieure avec un papier percé d'un petit trou d'une forme arbitraire. Les rayons qui sortent par cette petite ouverture, après être entrés par celle de l'écran, sont ceux qui émanent d'une particule du corps lumineux assez petite pour pouvoir être considérée comme un simple point. En recevant dans l'obscurité le faisceau émergent sur un papier blanc qu'on éloignera graduellement, on reconnaîtra la forme des différentes sections, et particulièrement les deux petits traits lumineux plus ou moins distants l'un de l'autre et dont les directions sont perpendiculaires entre elles. C'est dans l'intervalle focal compris entre ces deux traits que la lumière est plus concentrée et plus vive. On peut voir aussi la forme de tout le faisceau lumineux émergent, en produisant au-dessous une fumée épaisse, dans laquelle ce faisceau apparaît dans toute son étendue. Sa forme variera sans perdre ses caractères généraux, si l'on approche ou si l'on éloigne de l'écran le corps lumineux ou le corps réfringent.

» Le fait que je viens de décrire en détail me paraît applicable à la théorie de la vision.

» On a admis généralement que, pour avoir la vision distincte d'un point lumineux, il fallait que les rayons émanés de ce point vinssent converger, ou *former leur foyer* sur la rétine, ou du moins très-près de la rétine. Mais les considérations qui précèdent prouvent, ce me semble, qu'il n'y a pas un foyer ou point de convergence unique. Ce qui existe toujours pour un faisceau très-mince qui a pénétré dans l'humeur vitrée et qui vient rencontrer la rétine, c'est ce que j'ai appelé plus haut l'*intervalle focal* F*f*, qui peut être plus ou moins long. Cet intervalle F*f* ne peut pas être absolument nul dans l'œil, car l'œil offre un assemblage de différents milieux inégalement réfringents (au nombre des trois au moins en négligeant la cornée); et ces milieux sont séparés par des surfaces qui ne sont pas rigoureusement sphériques ni même symétriques par rapport à un axe commun.

» M. Chossat a reconnu, par les mesures très-précises qu'il a prises sur des dessins amplifiés et parfaitement exacts d'yeux de bœuf, que la cornée transparente est un segment d'un ellipsoïde de révolution autour du grand axe de l'ellipse que représente la section horizontale de la cornée, et que ce grand axe ne coïncide jamais avec la normale au centre apparent de l'ouverture de la cornée et n'est point perpendiculaire à la corde menée entre ses deux extrémités, mais qu'il est incliné en dedans vers le nez, et fait, avec cette normale, un angle d'environ 10 degrés dans un plan horizontal. M. Sömmering avait déjà observé cette circonstance dans l'œil du cheval. M. Chossat ayant fait, avec quelque tâtonnement, une section verticale de la cornée passant par le grand axe de la section horizontale, a obtenu une ellipse qui lui a paru identique avec l'ellipse horizontale, le grand axe étant le même en grandeur et en direction pour les deux ellipses. De cette similitude il a conclu que la cornée du bœuf est un ellipsoïde de révolution autour du grand axe. M. Chossat a trouvé, par les mêmes procédés, que les faces du cristallin sont des segments de deux ellipsoïdes dont chacun est de révolution autour du petit axe de son ellipse génératrice; les deux ellipses n'ont pas les mêmes longueurs d'axes: la postérieure est plus convexe, ce qui est contraire à la condition qu'on remplit ordinairement, dans les grands objectifs des lunettes, pour diminuer l'aberration de sphéricité. L'axe de révolution de la face antérieure ne coïncide pas avec celui de la face postérieure. Ces axes font entre eux un angle qui varie de 3 à 5 degrés d'un œil à un autre, et ils s'écartent toujours de l'axe du corps de l'animal, ou de la normale au milieu apparent de la cornée en sens contraire de l'écart que présentait l'axe réel de la cornée. M. Chossat a remarqué encore que les courbures ne sont point de même nature dans tous les Mammifères: ainsi la cornée est elliptique chez la plupart, mais hyperbolique chez l'éléphant. Young connaissait déjà ces différences de courbures, et admettait, d'après Petit, que les sections du cristallin, chez l'homme, sont plus ou moins elliptiques, paraboliques ou hyperboliques.

» Le docteur Krause a aussi constaté que les courbures des parties réfringentes de l'œil ne sont pas sphériques. Il a mesuré avec un soin extrême sur deux yeux d'hommes, un grand nombre d'abscisses et d'ordonnées, et n'a pas trouvé des courbures régulières pour la cornée, le cristallin et la surface du fond de l'œil; les sections des faces du cristallin lui ont paru presque elliptiques, et il a trouvé, pour la surface de la rétine ou la surface postérieure de l'humeur vitrée, une portion d'ellipsoïde à trois axes inégaux, circonstance qui peut influer sur la forme de l'image d'un objet sur la rétine. Tous ces résultats indiquent seulement, à ce qu'il me semble, que les surfaces qui séparent les milieux de l'œil ressemblent à des portions d'ellipsoïdes, sans être assujetties à une équation algébrique, d'autant qu'il ne résulte pas bien clairement des mesures de MM. Chossat et Krause que leurs ellipsoïdes soient de révolution.

» Les densités des milieux de l'œil ont aussi quelque chose d'irrégulier; le cristallin est composé de couches d'épaisseurs inégales et de densités croissantes en allant de la surface au centre, et l'on pourrait croire, sans adopter les idées de M. Vallée, que l'humeur vitrée n'est pas parfaitement homogène.

» D'après tous ces faits, il paraît peu probable que les deux foyers F et f du petit faisceau lumineux qui, après plusieurs réfractions, a pénétré dans l'humeur vitrée, se confondent en un seul, comme si les rayons avaient traversé des lentilles artificielles bien centrées et homogènes (1). Je pense donc que, dans l'œil, l'intervalle focal Ff, propre à chaque faisceau provenant d'un point extérieur, est non pas nul, mais seulement très-petit, de 1 ou de 2 millimètres au plus. J'admets, selon l'opinion générale des physiologistes,

---

(1) Le docteur Young lui-même a remarqué, dans son Mémoire (page 30), après Newton et Smith, « qu'une lentille à surfaces sphériques ne peut pas rassembler un faisceau de rayons obliques émanés d'un point en un foyer physique. Cette réunion n'a lieu que pour les rayons situés dans la section du faisceau faite par un plan passant par l'axe de la lentille et le point lumineux. Ces rayons restent dans ce plan malgré la réfraction, et par conséquent ne coupent pas les rayons des sections collatérales jusqu'à ce qu'ils arrivent à l'axe. Le foyer géométrique devient ainsi une ligne, un cercle, un ovale ou autre figure, selon la forme du faisceau, la nature de la surface, et la place du plan qui reçoit l'image. Les variétés de l'image focale d'un pinceau cylindrique obliquement réfracté sont représentées dans une figure du Mémoire. »

que c'est la rétine seule qui reçoit l'impression de la lumière (ou, selon Mariotte et Brewster, l'enveloppe choroïde qui se trouve immédiatement au-dessous de la rétine, celle-ci étant transparente). La direction du rayon central sur laquelle se trouvent les foyers F, f, étant presque perpendiculaire à la surface de la rétine, le point d'où émanent les rayons lumineux sera vu avec une netteté suffisante, si la ligne Ff, quoique très-courte, rencontre la rétine en un point situé entre les deux foyers F et f, ou même encore un peu au delà de F, ou en deçà de f; car alors le mince faisceau lumineux que la pupille a laissé passer, interceptera sur la surface de la rétine un espace extrêmement petit, incomparablement moindre que les sections faites dans ce faisceau très-près du cristallin. A la vérité, l'image d'un simple point sur la rétine peut être alors plus étendue en longueur qu'en largeur; mais, comme la lumière est plus condensée au centre de cette image et que ses deux dimensions, quoique inégales, sont d'une extrême petitesse, on conçoit que si l'on regarde un objet d'une étendue finie, des points contigus de cet objet donneront sur la rétine des images qui se superposeront en partie dans le sens de leur longueur, de manière à former, par leur ensemble, une image de l'objet assez nette et bien terminée (1).

» On explique par là comment la distance d'un objet à l'œil peut varier entre certaines limites, sans que les images sur la rétine des différents points de cet objet grandissent, jusqu'à se confondre, en s'étendant et empiétant trop les unes sur les autres, ce qui troublerait la vision.

» Si l'objet se rapproche ou s'éloigne, le petit faisceau de lumière qui, émané d'un point de cet objet, traverse l'œil, changera de forme graduellement; ses deux foyers F et f au fond de l'œil se déplaceront simultanément en marchant dans le même sens, et restant toujours très-près l'un de l'autre, et il suffira que l'un d'eux se trouve encore assez près de la rétine pour que

---

(1) Il faut considérer d'ailleurs que la figure du faisceau réfracté, telle que je l'ai décrite, ne serait rigoureusement exacte que pour un faisceau infiniment mince, ce qui signifie que plus l'ouverture par laquelle passe le faisceau sera petite, plus sa forme approchera de celle qui a été représentée ci-dessus. On conçoit que l'ouverture de la pupille qui fait l'office de diaphragme peut devenir assez grande pour que la figure du faisceau soit un peu différente de celle que la théorie assigne à un faisceau infiniment mince; alors les deux petits traits cfc', CFC', doivent prendre une largeur sensible, en s'allongeant et se courbant un peu ; car ils deviennent de petites portions des deux nappes de la surface caustique à laquelle les rayons réfractés sont tangents, portions assez semblables à deux éléments de forme rectangulaire pris sur deux surfaces cylindriques qui auraient leurs arêtes perpendiculaires entre elles, et à la direction du rayon central.

S.   2

l'image n'occupe toujours qu'un très-petit espace sur la rétine, et que la vision ne cesse pas d'être distincte. D'autres circonstances peuvent d'ailleurs contribuer à cette petitesse de l'image; savoir : la contraction de l'iris, le déplacement imperceptible de la tête lorsque l'œil se fixe sur l'objet, ou se dirige d'un objet vers un autre, ce qui change un peu les incidences des rayons, et peut être aussi un très-léger changement de courbure du cristallin.

» Quand l'objet sera trop rapproché ou éloigné, la vue pourra devenir confuse, parce que les deux foyers F, f, correspondants à chaque point de l'objet, se trouveront trop loin de la rétine, ou bien encore trop distants l'un de l'autre. Un œil qui aura le défaut de donner, pour les distances ordinaires, un intervalle focal Ff trop en avant ou en arrière de la rétine, sera myope ou presbyte; ce qui arrivera si la convexité de la cornée ou du cristallin est trop forte ou trop faible.

» L'œil peut avoir un autre défaut, lorsque les deux foyers F et f sont trop distants l'un de l'autre; ce qui doit résulter d'une conformation vicieuse de la cornée ou du cristallin, dont la partie correspondante à l'ouverture de la pupille s'écarterait trop de la forme sphérique. M. Airy a rapporté un exemple remarquable de ce défaut et qui vient à l'appui de ma théorie. Il a observé d'abord qu'en lisant il ne faisait point usage de son œil gauche, et qu'avec cet œil il ne distinguait pas les caractères, à quelque distance qu'ils fussent placés. Il a remarqué ensuite que l'image formée dans son œil gauche par un point lumineux (comme une étoile ou une lumière éloignée) n'était pas circulaire, mais bien elliptique, le grand axe faisant un angle d'environ 35 degrés avec la verticale, et son extrémité la plus élevée étant inclinée à droite. En mettant des lunettes biconcaves qui lui faisaient voir distinctement les objets éloignés avec l'œil droit, il trouva que dans son œil gauche un point lumineux éloigné avait l'apparence d'une ligne bien terminée, correspondant exactement, en direction et presque en longueur, avec le grand axe de l'ellipse mentionnée plus haut. Il trouva aussi qu'en traçant sur un papier deux lignes noires se croisant à angles droits, et plaçant le papier dans une position convenable à une certaine distance de l'œil, l'une de ces lignes était vue très-distinctement, tandis que l'autre était à peine visible. En rapprochant le papier de l'œil, la ligne qui avait été distincte disparaissait, et l'autre était vue avec netteté. Ces apparences lui indiquaient que la réfraction de l'œil était plus grande dans un plan presque vertical que dans le plan perpendiculaire à celui-là, et que, par conséquent, il ne lui serait pas possible de voir distinctement avec le secours de lentilles à surfaces sphériques. Il est vrai qu'en tournant obliquement une lentille concave, ou en regardant par le bord de cette lentille, il pouvait voir les objets sans confusion ; mais dans les deux cas, la déformation était telle, qu'il ne pouvait pas espérer de se servir de son œil gauche sans quelque secours plus efficace. M. Airy a remédié à ce défaut de son œil, en faisant usage d'une lentille dont la surface antérieure est cylindrique, la surface postérieure sphérique, toutes deux concaves. Cette lentille réfracte inégalement les rayons parallèles à son axe, de manière que, dans le plan passant par l'axe de la lentille et par l'axe de la surface cylindrique antérieure, les rayons sont moins divergents (ou divergent d'une distance plus grande) que dans le plan perpendiculaire à l'axe de la surface cylindrique. M. Airy, pour déterminer les courbures qu'il devait donner aux deux faces de sa lentille, afin de corriger l'inégalité de réfraction de son œil gauche, a fait une nouvelle observation : en regardant avec cet œil par un très-petit trou percé dans une carte, un papier blanc fortement éclairé, il a vu un point du papier, à la distance de 6 pouces de l'œil, sous l'apparence d'une petite ligne bien terminée, inclinée de 35 degrés sur la verticale, et soutendant un angle d'environ 2 degrés ; et un point à la distance de $3\frac{1}{2}$ pouces, comme une autre ligne perpendiculaire à la première et de la même longueur apparente.

» Voici comment je m'explique ces apparences diverses observées par M. Airy. Pour un point lumineux à la distance de 6 pouces, le foyer F ou plutôt la petite ligne CFC' a dû se trouver sur la rétine, et le point lumineux s'éloignant, les deux foyers F et f devaient marcher tous deux en avant de la rétine ; en sorte que l'image d'un point très-éloigné a dû se présenter sous la forme d'une ellipse et a pu redevenir linéaire par l'interposition d'une lentille biconcave qui a ramené en arrière le foyer F sur la rétine.

» Thomas Young avait déjà constaté une inégalité de réfraction semblable, mais moins sensible, à l'aide de l'optomètre de Porterfield. Si l'on regarde une ligne droite noire tracée sur un carton blanc horizontal, à travers deux fentes fines ou deux petits trous très-rapprochés, percés dans un écran qu'on place à peu près perpendiculairement à la ligne noire, une partie de cette ligne, la plus voisine de l'œil, présente l'apparence de deux lignes qui, pour une vue longue, se rapprochent l'une de l'autre et s'amincissent en s'éloignant de l'œil, et vont se réunir en une seule à partir d'un certain point de la ligne noire indéfinie ; tandis que, pour une vue courte, après s'être rapprochées, puis réunies en un certain point, elles se séparent un peu plus loin et s'écartent de plus en plus l'une de l'autre en s'élargissant. La distance de la cornée au point où les deux lignes concourent, et en deçà duquel tout autre point paraît double, est ce que Young appelle la distance de *la vision par-*

faite. Voici le fait qu'il a observé (p. 39 du Mém.) : « Mon œil, dit-il,
» dans l'état de relâchement, rassemble en un foyer sur la rétine les rayons qui
» divergent verticalement d'un objet à la distance de 10 pouces de la cornée,
» et les rayons qui divergent horizontalement d'un objet à la distance de
» 7 pouces; car si je place le plan de l'optomètre verticalement, les deux
» images de la ligne noire paraissent se couper à 10 pouces de distance, et à
» 7 si je le place horizontalement. Je n'ai jamais éprouvé d'inconvénient de
» cette imperfection, et je crois pouvoir examiner de petits objets avec
» autant d'exactitude que ceux dont les yeux sont autrement conformés.
» M. Cary m'a dit qu'il a remarqué fréquemment pareille circonstance, et
» que beaucoup de personnes sont obligées de tenir obliquement un verre
» concave afin de voir distinctement, contre-balançant par l'inclinaison du
» verre le trop grand pouvoir réfringent de l'œil dans le sens de cette in-
» clinaison. La différence n'est pas dans la cornée, car elle subsiste encore
» quand l'effet de la cornée est écarté (en plaçant, comme il l'a fait, sur la
» cornée, un tube rempli d'eau et terminé par une lentille biconvexe). » Et
ailleurs : « Quand je regarde un point, tel que l'image d'une chandelle dans
» un petit miroir concave, il paraît (*voir* la figure dans le Mémoire de Young)
» comme une étoile radiée ou une croix (informe), ou une ligne inégale, et
» jamais comme un point parfait, à moins que je n'emploie une lentille con-
» cave inclinée convenablement. Ces figures ont une analogie considérable
» avec les images produites par la réfraction de rayons obliques. » (*Voyez*
aussi la page 68.)

» M. Herschel dit, dans son *Optique,* que des vices de conformation dans
la cornée sont beaucoup plus communs qu'on ne le croit généralement, et
que peu d'yeux en sont exempts. Je pense, d'après tout ce qui précède,
qu'un léger défaut de sphéricité et de symétrie de la cornée et du cristallin
est l'état ordinaire et normal, et que cette irrégularité ne devient une imperfection de l'œil qu'en dépassant de justes limites.

» Il ne sera pas inutile de citer encore à ce sujet quelques observations de
M. Plateau, connu par ses recherches ingénieuses sur les apparences visuelles.
Il a constaté (*Bulletin de l'Académie de Bruxelles,* 1834, n° 27), que la vision
*ne s'effectue pas d'une manière symétrique dans tous les sens autour de l'axe
optique.* Lorsqu'il remarqua ces effets singuliers, il crut d'abord qu'ils résul-
taient d'une conformation particulière de ses yeux; mais depuis, il a reconnu
que des effets semblables se produisent d'une manière plus ou moins pro-
noncée dans la plupart des yeux, sinon dans tous, car il n'a rencontré aucune
personne à qui ne réussît au moins l'une des expériences suivantes.

» Sur un carton blanc on trace deux bandes noires qui se coupent à angles droits, ayant une même largeur de 8 à 9 millimètres. On place ce carton dans un lieu bien éclairé, de manière que les deux bandes soient l'une horizontale et l'autre verticale, puis on s'en éloigne d'une vingtaine de pas. A cette distance, la bande horizontale paraît, pour certains yeux, plus large et plus noire que la seconde; pour d'autres yeux, c'est la bande verticale qui paraît plus large et plus noire. Si l'on incline la tête de manière que la ligne qui joint les deux yeux soit verticale, l'effet devient inverse. Si l'on incline la tête d'environ 45 degrés, ou si, la tête restant droite, on tourne le carton de manière que les deux bandes soient également inclinées sur l'horizon, elles paraissent identiques en largeur et en teinte. On obtient des effets analogues en employant une croix blanche sur un fond noir.

» Si l'on regarde un anneau circulaire noir sur un fond blanc, ou blanc sur un fond noir, la largeur de l'anneau étant de 5 millimètres, l'anneau paraît plus large et d'une teinte plus forte en deux points opposés qui, pour certains yeux, occupent le haut et le bas de l'anneau, et pour d'autres les côtés. Chez quelques personnes, ces deux points sont placés aux extrémités d'un diamètre oblique à l'horizon. Si l'on incline la tête, l'effet suit constamment la position des yeux. Plusieurs anneaux concentriques produisent des effets encore plus intenses. Les raies parallèles d'une gravure paraissent aussi plus ou moins espacées et distinctes, suivant leur inclinaison à l'horizon et la distance à laquelle on se place. Enfin, si l'on regarde une gravure dans laquelle deux systèmes de raies semblables se coupent à angles droits, et si l'on l'éloigne graduellement des yeux en la plaçant de manière que les raies soient les unes horizontales, les autres verticales, l'un des deux systèmes cesse avant l'autre d'être distinct.

» La forme que j'ai assignée aux faisceaux lumineux, dans le fond de l'œil, explique aussi son achromatisme apparent. Diverses expériences de Wollaston, de Young, de Fraunhofer, confirmées par MM. Arago et Dulong, ont démontré positivement que l'œil n'est pas réellement achromatique, c'est-à-dire qu'il *disperse* tout rayon de lumière non homogène. L'absence des bandes irisées dans les images des objets qu'on regarde, excepté dans des cas très-particuliers, est assez généralement attribuée à la ténuité de chaque faisceau lumineux qui passe par l'ouverture de la pupille, et à ce que les rayons inégalement réfrangibles, rencontrant les surfaces des milieux de l'œil sous des incidences presque normales, doivent s'écarter très-peu d'un certain rayon central qui est à peine dévié et dispersé, de sorte que l'image formée sur la rétine (ou dans son épaisseur) n'y occupe qu'un très-petit espace. Je crois rendre cette explication plus complète et plus satisfaisante, en ajoutant que, d'après mes principes, lorsqu'un faisceau très-mince émané d'un point lumineux s'est réfracté et dispersé dans l'œil, l'intervalle focal Ff propre aux rayons simples les moins réfrangibles, et mesuré sur le rayon central le moins dévié, coïncide sensiblement en direction avec un autre intervalle focal F′f' appartenant aux rayons simples les plus réfrangibles, et que ces deux intervalles ont une portion commune F′f, autour de laquelle les rayons de couleurs diverses se condensent et se superposent, de manière à recomposer par leur mélange la teinte de l'objet extérieur. Cette superposition des rayons divers diminue l'inconvénient, remarqué plus haut, d'avoir pour un simple point une image sur la rétine plus longue que large, quand les rayons sont homogènes.

» Cette théorie sur la marche des rayons dans l'œil aurait besoin d'être vérifiée par des expériences directes, qui exigeraient, pour être concluantes, des préparations et des mesures assez délicates. Je ne dirai rien ici de mes essais, auxquels je n'ai pas encore apporté la précision nécessaire.

———————

» Je vais maintenant donner les calculs par lesquels on peut déterminer la figure d'un faisceau très-mince de rayons lumineux homogènes émanés d'un point et qui ont traversé différents milieux. D'après le théorème de Malus généralisé, ces rayons, après leur dernière réfraction, sont dirigés suivant les normales d'une certaine surface.

» Considérons donc une surface quelconque s (*voir* la figure ci-dessus) rapportée à trois axes de coordonnées rectangulaires et représentée par une équation

$$z = \mathrm{f}(x, y).$$

En posant

$$\frac{dz}{dx} = p, \quad \frac{dz}{dy} = q,$$

les équations de la normale à cette surface en un point quelconque (x, y, z) sont, comme on sait,

$$X - x + p(Z - z) = 0,$$
$$Y - y + q(Z - z) = 0,$$

X, Y, Z étant les coordonnées courantes.

» Si l'on prend pour origine un point O de la surface s, pour axe des z la normale en ce point, et pour axes des x et des y deux droites perpendiculaires entre elles dans le plan tangent au point O, x, y, z, p et q seront nulles pour le point O, et l'on aura, pour la normale OZ,

$$X = 0, \quad Y = 0.$$

» Considérons un autre point M, voisin du point O, et dont les coordonnées soient ξ, η, ζ. Si l'on pose

$$\frac{dp}{dx} = r, \quad \frac{dp}{dy} = s = \frac{dq}{dx}, \quad \frac{dq}{dy} = t,$$

la valeur de p, en passant du point O au point M, deviendra

$$p + \frac{dp}{dx}\xi + \frac{dp}{dy}\eta + \mu,$$

ou

$$r\xi + s\eta + \mu;$$

p étant nulle pour le point O, les valeurs de r, s étant prises pour le point O, et μ désignant une quantité dont le rapport à ξ ou à η tend vers zéro quand ξ et η deviennent infiniment petites.

» De même, la valeur de q pour le point M sera

$$s\xi + t\eta + \nu,$$

s et t se rapportant encore au point O, et ν devenant infiniment petit vis-à-vis de ξ ou η.

» La normale au point M est donc représentée par les deux équations

$$X - \xi + (r\xi + s\eta + \mu)(Z - \zeta) = 0,$$
$$Y - \eta + (s\xi + t\eta + \nu)(Z - \zeta) = 0,$$

qui deviennent

$$X - \xi + (r\xi + s\eta)Z = 0,$$
$$Y - \eta + (s\xi + t\eta)Z = 0,$$

si l'on suppose le point M très-rapproché du point O, en ne prenant que les termes du premier ordre par rapport à ξ et η. On néglige ζ, qui est du deuxième ordre [puisque $\zeta = \frac{1}{2}(r\xi^2 + 2s\xi\eta + t\eta^2)$ + etc.], et qui est d'ailleurs multipliée par des quantités très-petites du premier ordre.

» Si l'on prend pour axes des x et des y les tangentes aux deux sections principales de la surface au point O, on aura

$$s = 0, \quad r = \frac{1}{F}, \quad t = \frac{1}{f},$$

en désignant par F et f les deux rayons de courbure principaux OF et Of de la surface au point O, chacun de ces rayons pouvant être positif ou négatif, selon qu'il est dirigé dans le sens de OZ ou dans le sens contraire ; et les équations de la normale au point M deviendront

$$X = \xi \left(1 - \frac{Z}{F} \right), \quad Y = \eta \left(1 - \frac{Z}{f} \right).$$

Cette normale rencontre le plan ZOX en un point pour lequel

$$Y = 0, \quad Z = f \quad \text{et} \quad X = \xi \left(1 - \frac{f}{F} \right),$$

et le plan ZOY en un autre point pour lequel

$$X = 0, \quad Y = F \quad \text{et} \quad Y = \eta \left(1 - \frac{F}{f} \right),$$

d'où l'on voit qu'elle coupe la droite cfc' parallèle à OX menée par le centre de courbure f, en un point dont la distance à ce point f est proportionnelle à ξ, et qu'elle coupe aussi la droite CFC' parallèle à OY menée par l'autre centre de courbure F, et à une distance de F proportionnelle à η. Cette normale en M est donc dirigée suivant l'intersection de deux plans passant par le point M et par les deux droites cfc' et CFC'. Ainsi les normales ou les rayons de lumière qui passent par les différents points d'un contour très-petit, tracé autour du point O sur la surface ou sur son plan tangent, s'appuient toujours sur les deux droites fixes cfc' et CFC', et forment une surface réglée dont il est aisé d'avoir l'équation. En supposant que ce petit contour ou diaphragme soit un cercle ayant pour centre le point O et pour rayon δ, on aura l'équation de cette surface réglée en éliminant ξ et η entre les équations de la normale Mm,

$$X = \xi \left(1 - \frac{Z}{F} \right), \quad Y = \eta \left(1 - \frac{Z}{f} \right),$$

et celle du cercle

$$\xi^2 + \eta^2 = \delta^2,$$

ce qui donne

$$\frac{X^2}{\delta^2 \left(1 - \frac{Z}{F} \right)^2} + \frac{Y^2}{\delta^2 \left(1 - \frac{Z}{f} \right)^2} = 1.$$

» En faisant Z constante, on voit que toute section amb de la surface réglée perpendiculaire à l'axe OZ est une ellipse dont les demi-axes situés dans les deux plans principaux de la surface s sont

$$\eth\left(1-\frac{Z}{F}\right) \quad \text{et} \quad \eth\left(1-\frac{Z}{f}\right), \quad \text{ou} \quad \eth.\frac{oF}{OF} \quad \text{et} \quad \eth.\frac{oF}{Of},$$

et dont l'aire est

$$\pi\eth^2.\left(1-\frac{Z}{F}\right)\left(1-\frac{Z}{f}\right), \quad \text{ou} \quad \pi\eth^2.\frac{oF.of}{OF.Of},$$

de sorte que cette aire varie comme le rectangle $oF.of$. L'aire maximum entre F et f répond au milieu de l'intervalle Ff, et a pour valeur

$$\pi\eth^2.\frac{(F-f)^2}{4Ff}.$$

A chacun des points F et f, la section se réduit à une ligne droite. La section devient un cercle quand on a

$$1-\frac{Z}{F}=\frac{Z}{f}-1, \quad \text{ou} \quad \frac{F-Z}{F}=\frac{Z-f}{f},$$

c'est-à-dire

$$oF : of :: OF : Of.$$

Son rayon est

$$\eth.\left(\frac{F-f}{F+f}\right),$$

et son aire

$$\pi\eth^2.\left(\frac{F-f}{F+f}\right)^2.$$

» On voit, au reste, que la normale Mm à la surface s en un point quelconque M (ξ, η, ζ) infiniment voisin du point O coïncide en direction avec la normale au paraboloïde osculateur représenté par l'équation

$$\zeta = \tfrac{1}{2}(r\xi^2 + t\eta^2) \quad \text{ou} \quad \zeta = \tfrac{1}{2}\left(\frac{\xi^2}{F} + \frac{\eta^2}{f}\right),$$

en négligeant les infiniment petits du deuxième ordre dans l'équation de la normale.

———————

» La considération de deux normales infiniment voisines conduit de la

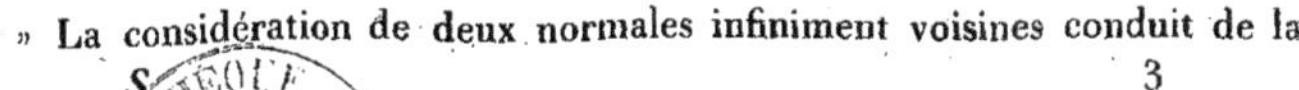

3

manière la plus simple aux théorèmes sur la courbure des surfaces, qui complètent ce qu'on peut dire sur la forme d'un petit faisceau de normales.

» En prenant, comme plus haut, pour axe des z la normale OZ au point O d'une surface s, la normale Mm en un point M situé à une distance infiniment petite ∂ du point O, et qui a pour coordonnées ξ, η, ζ, a pour équations

$$X - \xi + (r\xi + s\eta)\,Z = 0,$$
$$Y - \eta + (s\xi + t\eta)\,Z = 0$$

(en ne supposant pas encore $s = 0$).

» En désignant par φ l'angle que le plan ZOM fait avec le plan ZOX, on a

$$\xi = \partial \cos\varphi, \quad \eta = \partial \sin\varphi.$$

Le point M étant donné, la position de la normale en ce point sera déterminée, si l'on connaît l'angle infiniment petit μ que cette normale Mm fait avec sa projection sur le plan ZOM et l'angle ν que cette projection fait avec OZ. Le premier angle est le complément (positif ou négatif) de l'angle que la normale Mm fait avec la perpendiculaire au plan ZOM menée par le point M (dans l'angle MOX). Si l'on appelle c le cosinus de l'angle que la normale Mm fait avec l'axe OZ, on aura, d'après les équations de cette normale, pour les cosinus des angles qu'elle fait avec les trois axes OX, OY, OZ, les valeurs

$$- c\,(r\xi + s\eta), \quad - c\,(s\xi + t\eta) \text{ et } c,$$

ou

$$- c\partial\,(r \cos\varphi + s \sin\varphi), \quad - c\partial\,(s \cos\varphi + t \sin\varphi) \text{ et } c.$$

La perpendiculaire au plan ZOM (menée dans l'angle MOX) fait avec les mêmes axes des angles dont les cosinus sont

$$\sin\varphi, \quad - \cos\varphi \text{ et } 0.$$

» Donc, d'après la formule qui donne le cosinus de l'angle de deux droites, et en négligeant toujours les infiniment petits du second ordre, auquel cas $c = 1$, on aura

$$\sin\mu \text{ ou } \mu = \partial\,[(t - r)\sin\varphi\cos\varphi + s\,(\cos^2\varphi - \sin^2\varphi)],$$

ou

$$\mu = \tfrac{1}{2}\partial\,[(t - r)\sin 2\varphi + 2s \cos 2\varphi].$$

Si l'on considère un autre plan normal ZOM', perpendiculaire au plan ZOM, la normale à la surface s, au point M′, fera, avec ce plan ZOM′, un angle μ' dont la valeur se déduira de celle de μ, en y remplaçant φ par $\varphi \pm \frac{\pi}{2}$, ce qui donne $\mu' = -\mu$, les deux longueurs infiniment petites OM, OM′, tangentes à la surface S, étant supposées égales et perpendiculaires entre elles. Ces angles μ et μ' étant de signes contraires, il doit exister, en vertu de la loi de continuité, entre OM et OM′ une direction intermédiaire ON telle, que la normale correspondante Nn se trouve dans le plan normal mené suivant cette direction ; elle est déterminée par l'équation

$$\mu = 0 \quad \text{ou} \quad (t - r)\sin 2\varphi + 2s\cos 2\varphi = 0,$$

d'où

$$\operatorname{tang} 2\varphi = \frac{2s}{r - t}.$$

La direction perpendiculaire à celle-là jouit de la même propriété, et, pour toute autre direction, μ ne sera pas nul, de sorte que la plus courte distance de la normale Mm à la normale OZ ne sera pas infiniment petite par rapport à OM.

» On voit même que les normales aux points M et M′ étant dirigées toutes deux en dedans ou en dehors de l'angle dièdre des deux plans rectangulaires ZOM, ZOM′, il y aura toujours entre ces deux plans une normale, et une seule, qui sera rigoureusement dans un même plan avec OZ, et coupera OZ, quand même on ne négligera rien dans le calcul, pourvu que la distance δ soit suffisamment petite.

» Ces propriétés, trouvées par M. Bertrand d'une autre manière, caractérisent, comme il l'a fait voir, un système de droites normales à une même surface, et l'ont conduit à des conséquences remarquables. (Journal de M. Liouville, tome IX, page 133) [*].

» Si l'on prend l'axe OX suivant cette direction ON, φ désignera l'angle

---

[*] M. Bertrand a démontré (page 143) que pour que des droites dont la direction est donnée en fonction des coordonnées d'un quelconque de leurs points, soient normales à une surface (ou à une série de surfaces), il faut et il suffit qu'en prenant un point quelconque O dans l'espace et la droite OZ correspondante à ce point, puis portant perpendiculairement à OZ deux longueurs infiniment petites OM, OM′, égales et perpendiculaires entre elles, la droite correspondante au point M fasse avec le plan ZOM un angle égal à celui que la droite correspondante au point M′ fait avec le plan ZOM′.

J'ajouterai à cette proposition la suivante, qui la comprend et la complète :

Si l'on considère un système de lignes droites disposées dans l'espace suivant une loi ana-

3.

que fait avec ON la direction quelconque OM, et il faudra qu'on ait $\mu = 0$ pour $\varphi = 0$, ce qui donne $s = 0$; la valeur générale de μ devient alors

$$\mu = \tfrac{1}{2} \partial (t - r).\sin 2\varphi$$

(r et t désignant les valeurs de $\frac{d^2z}{dx^2}$, $\frac{d^2z}{dy^2}$ pour le point O par rapport aux nouveaux axes).

» Il est donc prouvé qu'on peut toujours mener par la normale OZ deux plans perpendiculaires entre eux, tels qu'en prenant ces plans avec le plan tangent XOY pour plans coordonnés, on ait, pour le point O, s ou $\frac{d^2z}{dx\,dy} = 0$. Ces plans déterminent les deux sections principales de la surface s.

» La projection de la normale quelconque Mm sur le plan ZOM fait avec OZ un angle ν dont la tangente est égale au cosinus de l'angle que la direction Mm fait avec OM divisé par le cosinus de l'angle que Mm fait avec OZ (car cette projection aurait pour équation

$$X - \xi = (Z - \zeta) \tang \nu,$$

si l'on prenait le plan ZOM pour plan des z, x). Ce dernier cosinus diffère infiniment peu de l'unité, et ν est infiniment petit; donc

$$\nu = \cos \mathrm{OM}m.$$

Or, la droite Mm fait, avec les axes OX, OY, OZ, des angles dont les cosinus sont

$$- c\partial (r \cos\varphi + s \sin\varphi), \quad - c\partial (s \cos\varphi + t \sin\varphi) \text{ et } c.$$

Pour la droite MO, les cosinus sont

$$- \cos\varphi, \quad - \sin\varphi \text{ et } 0.$$

Donc, en posant $c = 1$, on a

$$\cos \mathrm{OM}m, \quad \text{ou} \quad \nu = \partial (r \cos^2\varphi + 2s \sin\varphi \cos\varphi + t \sin^2\varphi).$$

---

lytique quelconque et qui ne soient normales à aucune surface, en prenant un point quelconque O dans l'espace et la droite OZ correspondante à ce point, puis portant perpendiculairement à OZ deux longueurs infiniment petites OM, OM′, égales et perpendiculaires entre elles, les angles infiniment petits μ et μ' que feront la droite correspondante au point M avec le plan ZOM, et la droite correspondante au point M′ avec le plan ZOM′, auront leur somme (*algébrique*) $\mu + \mu'$ différente de zéro et constante, quelles que soient les directions des deux lignes OM, OM′, pourvu qu'elles soient toujours égales, perpendiculaires l'une à l'autre et à OZ au même point O. La somme $\mu + \mu'$ est nulle dans le seul cas où les droites du système sont normales à une même surface.

» Le plan qui projette la normale M*m* à la surface *s*, sur le plan ZOM, est normal en M à la courbe suivant laquelle le plan ZOM coupe la surface *s*; il rencontre la normale OZ en un point qui est, comme on sait, le centre de courbure de cette courbe; conséquemment, le rayon de courbure *v* de cette section normale ZOM est

$$v = \frac{\delta}{v} = \frac{1}{r\cos^2\varphi + 2s\sin\varphi\cos\varphi + t\sin^2\varphi}.$$

Si l'on prend pour axes des x et y les tangentes aux deux *sections principales*, on a

$$s = 0,$$

et

$$v = \frac{1}{r\cos^2\varphi + t\sin^2\varphi}, \quad \text{ou} \quad \frac{1}{v} = r\cos^2\varphi + t\sin^2\varphi.$$

En faisant $\varphi = 0$ et $\varphi = \frac{\pi}{2}$, on aura les rayons de courbure F et f des deux sections principales

$$F = \frac{1}{r}, \quad f = \frac{1}{t},$$

puis on obtient la formule d'Euler

$$\frac{1}{v} = \frac{\cos^2\varphi}{F} + \frac{\sin^2\varphi}{f}.$$

F et f sont les rayons du plus grand et du plus petit cercle de courbure.

» L'angle infiniment petit μ devient aussi

$$\mu = \tfrac{1}{2}\delta \cdot \left(\frac{1}{f} - \frac{1}{F}\right) \cdot \sin 2\varphi.$$

» On peut encore trouver le rayon de courbure v de la section normale faite par le plan ZOM et l'angle v de cette autre manière; v est le rayon du cercle osculateur en O, qui a son centre sur la normale OZ, et qui passe par le point M(ξ, η, ζ); ce rayon est donc égal à $\frac{1}{2}$OM^2 divisé par la projection de la droite infiniment petite OM sur OZ, c'est-à-dire égal à $\frac{\delta^2}{2\zeta}$. Or on a

$$\zeta = \tfrac{1}{2}(r\xi^2 + 2s\xi\eta + t\eta^2) = \tfrac{1}{2}\delta^2(r\cos^2\varphi + 2s\sin\varphi\cos\varphi + t\sin^2\varphi);$$

donc

$$\nu = \frac{1}{r\cos^2\varphi + 2s\sin\varphi\cos\varphi + t\sin^2\varphi},$$

et quand $s = 0$,

$$\frac{1}{\nu} = \frac{\cos^2\varphi}{F} + \frac{\sin^2\varphi}{f}.$$

D'ailleurs l'angle $\nu = \dfrac{\delta}{\nu} = \delta\left(\dfrac{\cos^2\varphi}{F} + \dfrac{\sin^2\varphi}{f}\right).$

» En faisant ζ constante, l'équation $\zeta = \frac{1}{2}(r\xi^2 + 2s\xi\eta + t\eta^2)$ représente la section faite dans la surface s par un plan parallèle au plan tangent XOY à la distance infiniment petite ζ. Cette courbe ou sa projection sur le plan tangent est une ellipse ou une hyperbole qu'on appelle l'*indicatrice* de la surface pour le point O. Les rayons de courbure des différentes sections normales sont proportionnels aux carrés des demi-diamètres correspondants de cette conique ou d'une conique semblable de grandeur finie.

» La projection de la normale Mm sur le plan XOY a pour équation

$$\frac{Y - \eta}{X - \xi} = \frac{s\xi + t\eta}{r\xi + s\eta},$$

ou, quand $s = 0$,

$$\frac{Y - \eta}{X - \xi} = \frac{t\eta}{r\xi} = \frac{F}{f}\tang\varphi;$$

d'où l'on conclut que la normale Mm se trouve dans le plan normal à la conique indicatrice passant par le point M, et qu'ainsi la plus courte distance de Mm à OZ est une droite égale et parallèle à la perpendiculaire abaissée du centre de l'indicatrice ou du point O sur sa normale au point M. L'intersection du plan tangent à la surface s au point M avec le plan tangent au point O coïncide aussi avec cette même direction, qui est celle du diamètre conjugué de OM, le plan tangent en M ayant pour équation (quand $s = 0$)

$$Z - \zeta = r\xi(X - \xi) + t\eta(Y - \eta).$$

» Il me reste à faire voir comment, en considérant un faisceau de rayons homogènes qui, après avoir subi plusieurs réfractions, se trouvent normaux à une certaine surface, on peut déterminer, sur chaque rayon, les deux points (ou foyers F et f) où il est rencontré par des rayons infiniment voisins, et les

deux plans qui contiennent ce rayon et les rayons infiniment voisins susceptibles de le couper. Ces deux points, qui appartiennent à la surface caustique
formée par les intersections successives des rayons, sont, pour le rayon con-
sidéré, les centres du plus grand et du plus petit cercle de courbure de la
surface à laquelle les rayons sont normaux. Les plans passant par les rayons
consécutifs qui se coupent sont ceux des sections principales de cette surface ;
ce sont aussi les plans tangents aux deux séries de surfaces développables se
coupant partout à angles droits, dans lesquelles le faisceau se décompose.

» J'ai déjà traité cette question dans un Mémoire inséré au Journal de
M. Liouville (numéro de juillet 1838). M. Bertrand est parvenu, dans le numéro d'avril 1844, par une méthode géométrique qui lui est propre, à des
formules semblables aux miennes. Voici une nouvelle solution analytique qui
me paraît assez simple et qui conduit à des formules un peu plus générales.

» Il faut d'abord remarquer que si des rayons sont normaux à une même
surface, ils sont aussi normaux à toutes les surfaces en nombre infini qu'on
forme en portant sur ces rayons une longueur constante et arbitraire à partir de la surface normale primitive.

» Concevons un faisceau de rayons homogènes normaux à une surface s
et réfractés à la rencontre d'une autre surface quelconque S suivant la loi
ordinaire. Les rayons réfractés seront aussi normaux à une nouvelle surface s'
ou plutôt à une infinité de surfaces s' qu'on forme en prenant, sur la direction
de chaque rayon réfracté à partir de la surface de séparation S, une longueur
qui soit à celle du rayon incident comprise entre S et s, augmentée ou dimi-
nuée d'une quantité constante, dans le rapport constant du sinus de l'angle de
réfraction au sinus de l'angle d'incidence. (*Voir* mon Mémoire cité.)

» Considérons un rayon incident quelconque et le rayon réfracté correspondant. Soient a, b, c les cosinus des angles que la normale à la surface
séparatrice S au point d'incidence fait avec trois axes rectangulaires OX,
OY, OZ.

» Soient α, β, γ et α', β', γ' les cosinus des angles que le rayon incident et
le rayon réfracté font avec les mêmes axes.

» Il faut exprimer d'abord que ces trois droites se trouvent dans un même
plan. En appelant θ l'angle d'incidence et θ' l'angle de réfraction, la perpendiculaire au plan qui passe par la normale à la surface S, et par le rayon incident, fait, avec les axes, des angles dont les cosinus sont

$$\frac{b\gamma - c\beta}{\sin\theta}, \quad \frac{c\alpha - a\gamma}{\sin\theta}, \quad \frac{a\beta - b\alpha}{\sin\theta}.$$

De même, la perpendiculaire au plan qui passe par la normale à la surface S et par le rayon réfracté, fait, avec les axes, des angles dont les cosinus sont

$$\frac{b\gamma' - c\beta'}{\sin\theta'}, \quad \frac{c\alpha' - a\gamma'}{\sin\theta'}, \quad \frac{a\beta' - b\alpha'}{\sin\theta'}.$$

On exprime que ces perpendiculaires coïncident et sont dirigées dans le même sens, en posant

$$\frac{b\gamma - c\beta}{\sin\theta} = \frac{b\gamma' - c\beta'}{\sin\theta'}, \quad \frac{c\alpha - a\gamma}{\sin\theta} = \frac{c\alpha' - a\gamma'}{\sin\theta'}, \quad \frac{a\beta - b\alpha}{\sin\theta} = \frac{a\beta' - b\alpha'}{\sin\theta'}.$$

De plus, en représentant par $\frac{\lambda}{\lambda'}$ le rapport constant du sinus de l'angle d'incidence au sinus de l'angle de réfraction, on a

$$\frac{\sin\theta}{\sin\theta'} = \frac{\lambda}{\lambda'}.$$

Ces équations donnent les suivantes

$$\frac{b\gamma - c\beta}{\lambda} = \frac{b\gamma' - c\beta'}{\lambda'}, \quad \frac{c\alpha - a\gamma}{\lambda} = \frac{c\alpha' - a\gamma'}{\lambda'}, \quad \frac{a\beta - b\alpha}{\lambda} = \frac{a\beta' - b\alpha'}{\lambda'},$$

dont deux, en y joignant $\alpha'^2 + \beta'^2 + \gamma'^2 = 1$, suffisent pour déterminer $\alpha'\,\beta'\,\gamma'$, c'est-à-dire la direction du rayon réfracté, quand on connaît celles du rayon incident et de la normale à S. Les relations qui existent entre ces trois directions sont donc toutes exprimées par les deux équations

$$\frac{1}{\lambda}(a\gamma - c\alpha) = \frac{1}{\lambda'}(a\gamma' - c\alpha'),$$

$$\frac{1}{\lambda}(b\gamma - c\beta) = \frac{1}{\lambda'}(b\gamma' - c\beta').$$

Si l'on considère sur la surface S un autre point d'incidence infiniment voisin du premier, les cosinus a, b, c, α, etc., prendront, en passant du premier point au second, des accroissements simultanés da, db, etc., et l'on aura, en différentiant les deux équations précédentes,

$$\frac{1}{\lambda}(\gamma\,da + a\,d\gamma - c\,d\alpha - \alpha\,dc) = \frac{1}{\lambda'}(\gamma'\,da + a\,d\gamma' - c\,d\alpha' - \alpha'\,dc),$$

$$\frac{1}{\lambda}(\gamma\,db + b\,d\gamma - c\,d\beta - \beta\,dc) = \frac{1}{\lambda'}(\gamma'\,db + b\,d\gamma' - c\,d\beta' - \beta'\,dc).$$

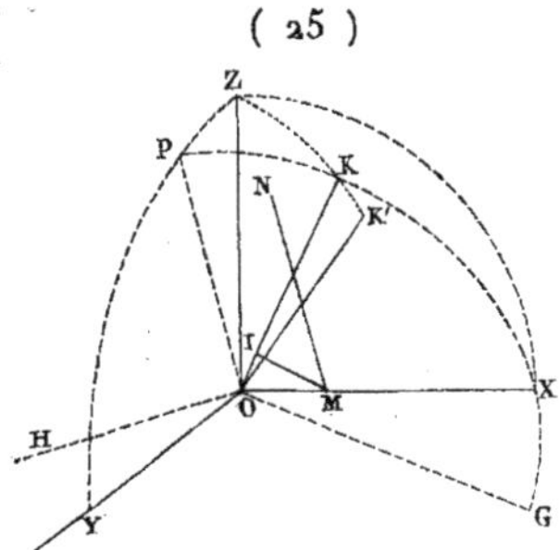

» Prenons maintenant pour origine des axes coordonnés le premier point d'incidence O, pour axe des z la normale OZ à la surface séparatrice S, pour plan des xz le plan ZOM qui passe par cette normale OZ et par le second point d'incidence M, qu'on pourra alors regarder comme situé sur l'axe OX. On aura, pour ce système d'axes,

$$a=0, \quad b=0, \quad c=1, \quad \gamma=\cos\theta, \quad \gamma'=\cos\theta',$$

et aussi $dc = 0$, à cause de la relation $a^2+b^2+c^2 = 1$, qui donne

$$ada+bdb+cdc=0.$$

Les quatre équations précédentes deviendront

$$\frac{\alpha}{\lambda}=\frac{\alpha'}{\lambda'}, \quad \frac{6}{\lambda}=\frac{6'}{\lambda'},$$

$$\left. \begin{array}{l} \dfrac{1}{\lambda}(\gamma da - d\alpha) = \dfrac{1}{\lambda'}(\gamma' da-d\alpha'), \\[2mm] \dfrac{1}{\lambda}(\gamma db - d6) = \dfrac{1}{\lambda'}(\gamma' db-d6'). \end{array} \right\} \quad (a)$$

Il faut trouver maintenant les valeurs géométriques de da, db, $d\alpha$, etc.

» Lorsque les axes sont quelconques, le rapport $\dfrac{a}{c}$, relatif à la normale au point O de la surface S, est égal, comme on sait, à la tangente de l'angle que fait, avec l'axe des z, la projection de cette normale sur le plan des z, x. Pour les axes actuels, la normale étant OZ, ce rapport $\dfrac{a}{c}$ est égal à zéro, puisque $a=0$ et $c=1$; pour la normale infiniment voisine MN, la quantité

S.   4

(26)

analogue est $\frac{a+da}{c+dc}$, qui se réduit à da et qui est égale à la tangente de l'angle infiniment petit que fait avec OZ la projection de la normale MN sur le plan ZOX, ou à cet angle même. Or, cet angle est aussi égal à $\frac{\delta}{\rho}$, en désignant par δ la distance infiniment petite OM, et par ρ le rayon de courbure de la section normale faite dans la surface S par le plan ZOX. Car le centre de courbure de cette section est le point de rencontre de la normale OZ avec le plan normal à la courbe OM au point M, et ce plan normal est celui qui projette la normale MN sur le plan ZOM.

» On a donc

$$da = \frac{\delta}{\rho}.$$

D'ailleurs la formule d'Euler donne

$$\frac{1}{\rho} = \frac{\cos^2 \omega}{R} + \frac{\sin^2 \omega}{r},$$

en appelant R et r les deux rayons de courbure principaux de la surface S pour le point O, et ω l'angle que le plan ZOX fait avec le plan de la section principale de S qui a la moindre courbure $\frac{1}{R}$.

» Ainsi

$$da = \frac{\delta}{\rho} = \delta . \left(\frac{\cos^2 \omega}{R} + \frac{\sin^2 \omega}{r} \right).$$

La normale MN fait avec l'axe OY un angle dont le cosinus est $b + db$ ou simplement db, puisque $b = 0$. Mais cet angle est le complément de l'angle infiniment petit que cette normale fait avec le plan ZOX, et qui a pour valeur

$$\tfrac{1}{2} \delta . \left(\frac{1}{r} - \frac{1}{R} \right) \sin 2\omega.$$

On a donc

$$db = \tfrac{1}{2} \delta . \left(\frac{1}{r} - \frac{1}{R} \right) \sin 2\omega.$$

Pour évaluer $d\alpha$ et $d\epsilon$, concevons, dans le plan KOX mené par le rayon incident OK et le point M, la droite OG perpendiculaire au rayon incident OK, puis OH perpendiculaire à ce plan KOX. Désignons par g, h, k les angles que fait, avec ces trois droites rectangulaires OG, OH, OK, un rayon incident quelconque; α désignant le cosinus de l'angle que ce rayon quelconque fait avec la ligne OX, on aura, d'après la formule qui donne le cosinus de l'angle de deux droites rapportées à trois axes rectangulaires,

$$\alpha = g \cos \mathrm{GOX} + h \cos \mathrm{HOX} + k \cos \mathrm{KOX},$$

ou

$$\alpha = g \sin \mathrm{KOX} + k \cos \mathrm{KOX},$$

la ligne OX faisant avec les axes rectangulaires OG, OH, OK, des angles dont les cosinus sont respectivement

$$\sin \mathrm{KOX}, \quad \mathrm{o}, \quad \cos \mathrm{KOX}.$$

ε étant le cosinus de l'angle que le même rayon incident fait avec OY, on aura pareillement

$$\varepsilon = g \cos \mathrm{GOY} + h \cos \mathrm{HOY} + k \cos \mathrm{KOY}.$$

Pour un rayon incident infiniment voisin, on aura (les axes OG, OH, OK restant fixes, ainsi que OX, OY, OZ)

$$d\alpha = dg . \sin \mathrm{KOX} + dk \cos \mathrm{KOX},$$
$$d\varepsilon = dg . \cos \mathrm{GOY} + dh \cos \mathrm{HOY} + dk \cos \mathrm{KOY}.$$

Si ces deux rayons incidents sont ceux qui tombent aux points O et M, on aura

$$g = \mathrm{o}, \quad h = \mathrm{o}, \quad k = \mathrm{1},$$

puis $dk = \mathrm{o}$, à cause de $gdg + hdh + kdk = \mathrm{o}$.

» Si l'on considère, parmi toutes les surfaces s normales aux rayons incidents, celle qui passe par le point M et qui coupera OK en un point I, dg est (comme on l'a vu pour da) égal à l'angle que fait avec OK la projection du rayon incident en M sur le plan KOM, ou égal à la ligne infiniment petite OI ou $\partial \sin \mathrm{KOX}$, divisée par le rayon de courbure de la section normale faite dans cette surface-là par le plan KOM. Mais ce rayon diffère infiniment peu du rayon v de la section faite par le plan KOM dans la surface normale aux rayons incidents qui passe par le point O ; la valeur inverse de ce rayon v est

$$\frac{1}{v} = \frac{\cos^2 \varphi}{\mathrm{F}} + \frac{\sin^2 \varphi}{f},$$

4.

en désignant par F et f les deux rayons de courbure principaux de la surface s pour le point O, et par φ l'angle que le plan KOM normal à s fait avec la section principale de s dont la courbure est $\frac{1}{F}$.

» On a donc, en désignant par τ l'angle KOX,

$$dg = \frac{\delta \sin \tau}{\rho} = \delta \sin \tau \left(\frac{\cos^2 \varphi}{R} + \frac{\sin^2 \varphi}{r} \right);$$

et conséquemment

$$d\alpha = \frac{\delta \sin^2 \tau}{\rho} = \delta \sin^2 \tau \left(\frac{\cos^2 \varphi}{F} + \frac{\sin^2 \varphi}{f} \right),$$

dk étant nulle.

» La quantité $h + dh$, ou simplement dh, puisque h est nul, est le cosinus de l'angle que le rayon incident en M fait avec OH, ou le sinus de l'angle infiniment petit que ce rayon fait avec sa projection sur le plan KOM. Donc dh est égal à cet angle, qui a pour valeur

$$\tfrac{1}{2} \text{MI} \left(\frac{1}{f - \text{OI}} - \frac{1}{F - \text{OI}} \right) \sin 2\varphi,$$

car $F - \text{OI}$ et $f - \text{OI}$ sont les rayons de courbure principaux de la surface s, normale aux rayons incidents, qui passe par le point M et qui a les mêmes plans principaux que celle qui passe par le point O. Comme on doit négliger les infiniment petits du second ordre, et que $\text{MI} = \delta \sin \text{KOX} = \delta \sin \tau$, la valeur de dh sera

$$dh = \tfrac{1}{2} \delta \sin \tau \left(\frac{1}{f} - \frac{1}{F} \right) \sin 2\varphi.$$

» Si le plan KOX coupe le plan ZOY suivant OP, on aura dans l'angle trièdre rectangle formé par les trois droites OG, OY, OP,

$$\cos \text{GOY} = \cos \text{GOP} \cos \text{YOP} = - \cos \text{KOX} \sin \text{ZOP}.$$

» L'angle ZOP n'est autre chose que l'angle dièdre ZXK des plans ZOX, KOX. Or, on a, dans l'angle trièdre formé par les trois droites OZ, OX, OK,

$$\cos \text{KOX} = \cos \text{ZOX} \cos \text{ZOK} + \sin \text{ZOX} \sin \text{ZOK} \cos \text{KZX},$$

ou

$$\cos \text{KOX} = \sin \theta \cos \varepsilon,$$

en appelant ε l'angle dièdre KZX, que le plan ZOM fait avec le plan OZKK' qui contient le rayon incident OK et le rayon réfracté correspondant OK'. On a encore

$$\sin ZXK \ \text{ou} \ \sin ZOP : \sin KZX :: \sin ZOK : \sin KOX,$$

ou
$$\sin ZOP = \frac{\sin \theta \sin \varepsilon}{\sin \tau}.$$

De là résulte

$$\cos GOY = - \cos KOX \sin ZOP = - \frac{\sin^2 \theta \sin \varepsilon \cos \varepsilon}{\sin \tau},$$

et le terme $dg \cos GOY$, dans la valeur de $d\mathcal{E}$, devient

$$- \tfrac{1}{2} \partial . \left(\frac{\cos^2 \varphi}{R} + \frac{\sin^2 \varphi}{r} \right) \sin^2 \theta \sin 2\varepsilon.$$

» L'angle HOY est aussi égal à l'angle dièdre des plans ZOX, KOX, ou à ZOP, et le même trièdre OZXK, ou bien le trièdre OZKP, donne

$$\cos ZOK = \sin KOX \cos ZOP \ \text{ou} \ \cos \theta = \sin \tau \cos HOY.$$

Le terme $dh \cos HOY$, dans la valeur de $d\mathcal{E}$, devient ainsi

$$\tfrac{1}{2} \partial \left(\frac{1}{f} - \frac{1}{F} \right) \sin 2\varphi \cos \theta,$$

de sorte qu'on a

$$d\mathcal{E} = - \tfrac{1}{2} \partial \left(\frac{\cos^2 \varphi}{R} + \frac{\sin^2 \varphi}{r} \right) \sin^2 \theta \sin 2\varepsilon + \tfrac{1}{2} \partial \left(\frac{1}{f} - \frac{1}{F} \right) \sin 2\varphi \cos \theta.$$

On aura de même les valeurs de $d\alpha'$ et $d\mathcal{E}'$ qui se rapportent au rayon réfracté OK', en désignant par F', f', φ' et τ', pour ce rayon, les quantités analogues à celles que nous avons appelées F, f, φ et τ pour le rayon incident OK; les angles dièdres ε et ω sont les mêmes pour les deux rayons, et l'on a les relations

$$\cos \tau = \sin \theta \cos \varepsilon, \quad \cos \tau' = \sin \theta' \cos \varepsilon.$$

» En mettant toutes ces valeurs dans les deux équations ci-dessus (a), on obtient d'abord la formule

$$\frac{1}{\lambda} \left(\frac{\cos \theta}{\rho} - \frac{\sin^2 \tau}{\nu} \right) = \frac{1}{\lambda'} \left(\frac{\cos \theta'}{\rho} - \frac{\sin^2 \tau'}{\nu'} \right),$$

où bien

$$\frac{1}{\lambda}\left[\left(\frac{\cos^2\omega}{R}+\frac{\sin^2\omega}{r}\right)\cos\theta-\left(\frac{\cos^2\varphi}{F}+\frac{\sin^2\varphi}{f}\right)\sin^2\tau\right]$$
$$=\frac{1}{\lambda'}\left[\left(\frac{\cos^2\omega}{R}+\frac{\sin^2\omega}{r}\right)\cos\theta'-\left(\frac{\cos^2\varphi'}{F'}+\frac{\sin^2\varphi'}{f'}\right)\sin^2\tau'\right]\cdot \qquad (b)$$

C'est la formule (32) de mon premier Mémoire; elle établit une relation entre les rayons de courbure des sections normales faites dans les trois surfaces S, s, s', par trois plans dont la ligne d'intersection commune OM est prise à volonté sur le plan tangent à S.

» On trouve ensuite

$$\frac{1}{\lambda}\left[\left(\frac{1}{r}-\frac{1}{R}\right)\sin 2\omega\cos\theta-\left(\frac{1}{f}-\frac{1}{F}\right)\sin 2\varphi\cos\theta+\left(\frac{\cos^2\varphi}{F}+\frac{\sin^2\varphi}{f}\right)\sin 2\varepsilon\sin^2\theta\right]$$
$$=\frac{1}{\lambda'}\left[\left(\frac{1}{r}-\frac{1}{R}\right)\sin 2\omega\cos\theta'-\left(\frac{1}{f'}-\frac{1}{F'}\right)\sin 2\varphi'\cos\theta'+\left(\frac{\cos^2\varphi'}{F'}+\frac{\sin^2\varphi'}{f'}\right)\sin 2\varepsilon\sin^2\theta'\right]\cdot \qquad (c)$$

Pour chaque direction arbitraire de OM, on aura deux équations semblables.

» Si l'on prend la ligne OMX suivant l'intersection du plan tangent à la surface S avec le plan OZKK' qui contient la normale OZ et les rayons incident et réfracté OK, OK', les angles τ et τ' deviendront les compléments de θ et θ', et la formule (b) donnera

$$\frac{1}{\lambda}\left(\frac{\cos\theta}{\rho}-\frac{\cos^2\theta}{\nu}\right)=\frac{1}{\lambda'}\left(\frac{\cos\theta'}{\rho}-\frac{\cos^2\theta'}{\nu'}\right),$$

ou

$$\frac{1}{\lambda}\left[\left(\frac{\cos^2\omega}{R}+\frac{\sin^2\omega}{r}\right)\cos\theta-\left(\frac{\cos^2\varphi}{F}+\frac{\sin^2\varphi}{f}\right)\cos^2\theta\right]$$
$$=\frac{1}{\lambda'}\left[\left(\frac{\cos^2\omega}{R}+\frac{\sin^2\omega}{r}\right)\cos\theta'-\left(\frac{\cos^2\varphi'}{F'}+\frac{\sin^2\varphi'}{f'}\right)\cos^2\theta'\right]\cdot \qquad (d)$$

ρ, ν et ν' sont maintenant les rayons de courbure des sections faites dans les trois surfaces S, s, s', par le plan ZOK qui leur est normal, et ω, φ, φ' sont les angles que ce plan fait avec les plans des sections principales ou des plus grands cercles de courbure de ces mêmes surfaces.

» Si l'on suppose, en second lieu, OM perpendiculaire au plan ZOK, les angles τ, τ' seront droits, et il faudra augmenter de $\frac{\pi}{2}$ les angles ω, φ et φ' qui viennent d'être définis. Alors la formule (b) donnera

$$\frac{1}{\lambda}\left(\frac{\cos\theta}{\rho_1}-\frac{1}{u}\right)=\frac{1}{\lambda'}\left(\frac{\cos\theta'}{\rho_1}-\frac{1}{u'}\right),$$

(31)

ou

$$
\begin{aligned}
&\frac{1}{\lambda}\left[\left(\frac{\sin^2\omega}{R}+\frac{\cos^2\omega}{r}\right)\cos\theta-\left(\frac{\sin^2\varphi}{F}+\frac{\cos^2\varphi}{f}\right)\right] \\
&=\frac{1}{\lambda'}\left[\left(\frac{\sin^2\omega}{R}+\frac{\cos^2\omega}{r}\right)\cos\theta'-\left(\frac{\sin^2\varphi'}{F'}+\frac{\cos^2\varphi'}{f'}\right)\right].
\end{aligned}
\quad\Bigg\}\ (e)
$$

ρ_1, u et u' sont ici les rayons de courbure des sections normales faites dans les surfaces S, s, s' par les plans qui passent par leur tangente commune perpendiculaire au plan ZOK. On sait d'ailleurs que

$$
\frac{1}{\rho}+\frac{1}{\rho_1}=\frac{1}{R}+\frac{1}{r}, \quad \frac{1}{\rho}+\frac{1}{u}=\frac{1}{F}+\frac{1}{f}, \quad \frac{1}{v'}+\frac{1}{u'}=\frac{1}{F'}+\frac{1}{f'}.
$$

Ces équations (d) et (e) sont les formules (33) et (34) de mon premier Mémoire, et (c), (e) de M. Bertrand.

» En supposant que le plan ZOM coïncide avec le plan ZOK, ou lui soit perpendiculaire, on a

$$
\varepsilon=0 \quad \text{ou} \quad \varepsilon=\frac{\pi}{2},
$$

et, dans les deux cas, la formule (c) se réduit à celle-ci :

$$
\begin{aligned}
&\frac{\cos\theta}{\lambda}\left[\left(\frac{1}{r}-\frac{1}{R}\right)\sin 2\omega-\left(\frac{1}{f}-\frac{1}{F}\right)\sin 2\varphi\right] \\
&=\frac{\cos\theta'}{\lambda'}\left[\left(\frac{1}{r}-\frac{1}{R}\right)\sin 2\omega-\left(\frac{1}{f}-\frac{1}{F'}\right)\sin 2\varphi'\right].
\end{aligned}
\quad\Bigg\}\ (f)
$$

» Ces trois formules (d), (e), (f) permettront de calculer les quantités F', f', φ' quand on connaîtra R, r, ω, F, f et φ; c'est-à-dire qu'on pourra déterminer les rayons de courbure et les sections principales de la surface normale aux rayons réfractés, si l'on connaît les éléments correspondants de la surface normale aux rayons incidents et de la surface séparatrice.

» On peut d'ailleurs déterminer ces éléments par un autre calcul, et aussi par une construction géométrique indiquée dans mon premier Mémoire.

» Donc, si des rayons lumineux, émanés d'un point, éprouvent une suite de réfractions, on pourra, après chaque réfraction, déterminer, pour un rayon quelconque, les deux plans où se trouvent les rayons infiniment voisins qui le coupent, et les deux points de rencontre F et f, qui appartiennent aux deux nappes de la surface caustique formée par les intersections successives des rayons. Ces éléments déterminent la forme de tout faisceau mince passant par une petite ouverture. Les calculs ne seraient guère plus simples dans le cas d'un rayon central non dévié qui serait normal à toutes les surfaces réfringentes ; mais si les plans des sections principales, suivant ce rayon, étaient les mêmes pour toutes ces surfaces, on n'aurait plus besoin que des formules ordinaires qui donnent les foyers des lentilles sphériques. La marche des rayons à travers les milieux de l'œil ne saurait comporter une telle simplification, et ne peut être calculée rigoureusement qu'à l'aide des formules plus générales et plus compliquées qui précèdent ; il faudrait, pour cela, connaître les indices de réfraction des divers milieux, les rayons de courbure et les plans des sections principales de leurs surfaces, à chaque point d'incidence du rayon central du faisceau. »

IMPRIMERIE DE BACHELIER,
rue du Jardinet, 12.

www.ingramcontent.com/pod-product-compliance
Ingram Content Group UK Ltd.
Pitfield, Milton Keynes, MK11 3LW, UK
UKHW021717130726
13696UKWH00004B/1876